AF240024

LES SIGNES

MERVEILLEVX ET

espouuentables, apparus au Ciel
sur la ville de la Rochelle, le 28.
iour d'Auril dernier : Le tout au
grand estonnement de tous les
Rochellois.

Ensemble le combat de deux hommes en l'air,
lesquels ont esté veus en grande admiration
par tous les habitans de ladite ville.

Auec la resolution de leur Assemblee tenuë sur le
sujet & euenement desdites Apparitions.

A PARIS,

Chez Anthoine Champenois, ruë vieille
Drapperie, deuant le Palais.

M. DC. XXI.

LES SIGNES
MERVEILLEUX ET

Etrangement apparus au ciel
sur la ville de Paris, les 28.
jour d'Avril dernier. A la grand
grand étonnement de tous les
spectateurs.

[paragraph illegible]

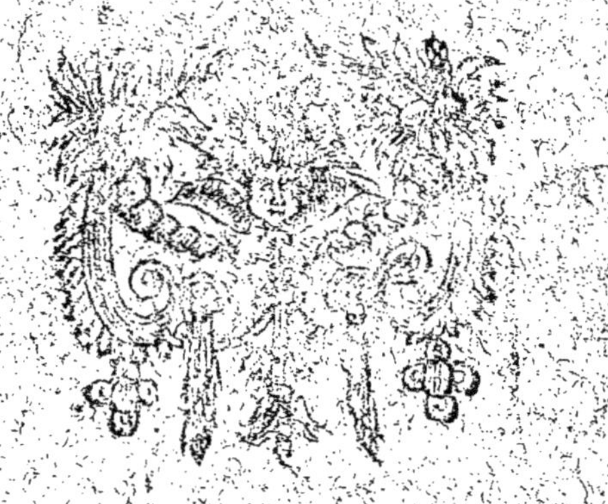

A PARIS

Chez Abraham Chevrier, ruë neuve,
[...] devant le Palais.

M.DC.XXVIII.

*Les signes merueilleux & espouuentables
apparus au Ciel sur la ville de la Rochelle, le 28. d'Auril dernier, au grand
estonement de tous les habitans d'icelle.*

Ombien que toutes les histoires, tant Anciennes que Modernes, soiét remplies de signes & miracles, si est ce toutefois que ceux qui sont arriuez en la ville de la Rochelle meritent d'estre sceuz d'vn chacun, & la memoire d'iceux cogneuë de la posterité afin d'admirer la toute puissance de Dieu viuant. Or le fait est tel que le 28. d'Auril dernier, sur les vnze heures du soir, s'est apparu en l'air sur la ville de la Rochelle deux grandes Cometes, l'vne ayant la forme d'vne lance, rouge comme feu estant fort grosse & longue : l'autre

A ij

estoit quelque peu plus petite, mais plus claire & esclatante que la prece-dente : Ceste seconde icy auoit la for-me d'vn ballay. Premierement ayant esté apperceuës par vne sentinelle, qui fut tellement espouuantee de la veuë de ces deux feux, que laissant son eschauguette il s'enfuit tant qu'il peut vers le corps de garde, ayant laisse tomber ses armes en courant & crioit sans cesse misericorde : Son cry donna l'espouuante à toute la ville, car on croyoit que l'on les escala-dast. Tous, tant hommes que fem-mes sortét de leurs maisons : les hom-mes auec leurs armes se rendent à la place du Temple neuf, les femmes allument feux par tout : les Capitai-nes courent sur les ramparts, ils n'en-tendét ny ne voyent rien au dehors : Le Maire, fait appeller lesdits Capi-taines de la ville, & leur demáda d'ou

prouenoit l'alarme, il luy fut respon-
du cóme la chose estoit arriuée, non
pas qu'on luy sceust dire qui auoit
meu ladite sentinelle à s'effrayer ainsi,
pour ce qu'estát arriuée pres du corps
de garde la sentinelle plus proche d'i-
celuy l'aresta, & lors tremblant il
tomba esuanouy à ses pieds, si bien
qu'on pensoit qu'il fust mort, & fut
porté au corps de garde, & demeura
en cet estat l'espace de deux heures,
qui meut les Capitaines de dire que
ladite sentinelle estoit tombee roide
morte deuát le corps de garde. Apres
toutes ces enquestes le Maire se retire
tout pensif de cecy, aussi s'en retour-
nent lesdits Capitaines, & appaisent
par tout la tremeur qui estoit par la
ville, puis ils vont faire la ronde sur
les ramparts, allant d'eschauguete en
eschauguette, & estans paruenus à
celle ou auoit esté ladite sentinelle, ils

demanderent à celuy qu'on y auoit
mis apres la fuite de l'autre s'il n'auoit
rien veu, lequel respondit non. Iceux
Capitaines passans outre, & estans
entre deux eschauguettes, vont ouyr
vn bruit, comme celuy que fait vne
fusee iettee en l'air, ils regardent vers
le Ciel, & aduiserent vn homme tout
en feu, son chef enuironné de grandē
cheuelure, qui auoit en sa main vne
lance ardante comme vn flambeau,
& estoit d'vne démesuree grandeur,
veu la proportion de la haulteur d'i-
celuy homme, neantmoins il la bran-
loit & manioit comme fort legere:
ces Capitaines s'arrestent, non qu'ils
fussent sans peur, car ils l'ont côfessé,
pour voir que deuiendroit ceste ap-
parition, ayant donc esté là l'espace
de demy heure, & comme ils en dis-
couroient, voicy en vn momēt qu'ils
voyent deux hommes montez sur de

grands courſiers, iceux harnachez &
bardez, & leſdits hommes armez de
pied en cap, tous flamboyans, ayans
tous deux la lance à l'arreſt, & ſ'eſtans
reculez fort loin l'vn de l'autre, vien-
nent à piquer leurs cheuanx, & ſe ren
contrent de telle roideur que leurs
lances ſemblerent eſtre rompuës, &
eux mis bas de deſſus leurs cheuaux,
& diſparurent les lances & cheuaux,
& quant aux hommes ils ſe releuent,
& comme vaillans champions mirét
la main à l'eſpee & ſe chamaillerent
longuement: en fin l'vn d'eux dóne
vn tel coup à l'autre qu'il le fendit en
deux, & eſt à noter qu'ils ſe battoient
à la mode que font les Suiſſes, & diſ-
parut le vaincu, ſon eſpee toute flam-
bante tomba dans la mer & ne parut
dauantage. Quant au vainqueur il
roüoit & piroüettoit auec ſon eſpee,
ainſi que fait vn eſcrimeur bien ma-

niant vne espee à deux mains, apres il
s'esleua fort haut & disparut : & cecy
fut veu tout du long par lesdits Capitaines, mais aussi par presque toutes
les sentinelles de la ville, dignes de
foy, & de plus de cent autres personnes. La sentinelle qui s'estoit esua-
nouye estant reuenue à soy, raconta
ce qu'il auoit apperceu, & luy ayant
esté dit ce qu'on auoit veu depuis
cheut mort en la place. Tout cecy
estant entendu le lendemain par les
habitans des lieux. Vous eussiez re-
cogneu en eux vn tres-grand estonnement, chacun leuant les yeux au
Ciel, imploroit pardon & misericorde, & tant petits que grands estoient
en extreme perplexité, demeurans
comme statues sans parler l'vn à l'autre: tellemet que les ouuriers auoient
courage de mettre la main à leurs for-
tifications. La porte de la ville se

fouurit point iufques à midy , &
n'euft efté force pauures gens qui ve-
noient à la ville pour y védre & ache-
ter des denrées on ne l'euft ouuerte
de toute la iournée. Apres vous n'euf-
fiez entendu autre propos finon de
ces prodiges.

La nuict fuiuante fut bien dauantage effroyable & prodigieufe que la
precedente, pource que peu de gens
auoient veu le paffé, mais quand à ce
qui fuit fut veu & ouy de tous. Affça-
uoir qu'enuiron les vnze heures, fut
entendu par toute la ville vn grand
bruit comme celuy d'vn torent tom-
bant d'vn grand precipice, meflé de
rugiffement leonin, mugiffement de
taureau, auffi de hanniffemét de cheuaux, & voix comme humaines, ce
qui effroya tellement le peuple qu'il
eft plus facile de l'imaginer que de
l'efcrire, mais cela n'aift pas tout, car

à minuict s'esleua vn vent impetueux
qui abbatit beaucoup d'eschauguettes, force cheminees, & grand nom-
bre de maisons.

Sur vne heure le vent fut appaisé,
mais non l'esmoy du peuple, à vne
heure & demie s'oüit le bruit d'vn
chariot courant, auquel tintamarre
plusieurs mirét la teste aux fenestres,
& virent vrayement vn chariot trai-
né par trois grands animaux, quasi
tels que sont les Elephans, lesdicts
animaux estoient blancs comme nei-
ge, & auoient les yeux plus gros que
la teste d'vn homme, dans le chariot
y auoit vn vaisseau rouge cóme feu,
qui auoit la forme d'vn cuuier, dans
lequel estoit vn monstre ayant à peu
pres la façon d'homme, lequel on ne
voioit que depuis la ceinture en haut,
& paroissoit hors du vaisseau bien la
hauteur de six coudées ou enuiron: il

auoit la teste deux fois plus grosse
qu'vn boisseau, la face iaune comme
saffran, point de barbe, vn œil au mi-
lieu du front gros comme les deux
poings d'vn homme, esclairant &
rendant plus de clarté qu'vn gros
flambeau de cire. De son bras gau-
che il s'appuyoit, & de son bras droit
tenoit vn coutelas tout flamboyant.
Ce monstre hideux iettoit des cris
fort espouuátables, si que beaucoup
de personnes en moururent de peur.
Il fist trois tours par la grand ruë, &
comme le guet marchoit ce monstre
effroyable se presenta à eux, ils tour-
nent visage & fuyent le plus qu'ils
peurent vers le corps de garde criant
A l'aide, à l'aide, partie d'eux se sauuér
& quelques vns moururent de fra-
yeur sur la place, puis ce monstre
vient à la grande place & s'y arresta,
iettant vn cry si haut & affreux que

la ville trembla , maints hômes moururent , & plusieurs femmes enccin-
tes mirent hors leur fruit auant le
temps. Ie vous diray Messieurs, pre-
nez garde qu'il ne vous arriue de
mesme qu'à ceux qui estoiét assiegez
par ce grand Tamburlan Empereur
des Scithes , lequel pour monstrer les
conditions dont il vouloit vser à l'en-
droit de ceux qu'il assiegoit. Au pre-
mier iour du siege faisoit mettre sur
sa tante vn estandart de couleur blan-
che, pour leur monstrer qu'il les re-
ceuoit à mercy sans receuoir aucun
dommage s'ils se rendoient ce iour là.
Le second estant venu il faisoit poser
vn rouge pour leur donner à cognoistre qu'il y auroit du sang respandu.
Le troisiesme iour vn noir pour leur
monstrer vn dueil lugubre, & la per-
te vniueselle de toute la ville, sans
pardonner au plus grand iusques au

plus petit. Le pardon & la condition de paix nous est asseurée par l'estandart de la Croix, où le Pere eternel voulut placer son Fils auec reception amiable de tous ceux qui se voulurent rendre à luy, mais il a posé pour l'heure recognoissant nostre dureté son second estandart sous la volonté de sa demeure, figuré de signes espouuantables, pour nous donner peut estre à cognoistre qu'il y aura du sang respandu, & qu'il y va de nostre interest : reseruant le troisiesme à la fin du monde, Remettons nous du tout à sa volonté, & quoy qu'il arriue prenons le de sa main. Il execute quelquefois sa iustice en terre, pour faire paroistre sa misericorde au Ciel.

F I N.

[illegible] to spend [illegible]
[illegible]
[illegible]
[illegible] to spend [illegible]
[illegible]
[illegible] probable points [illegible]
[illegible]
display of orderly [illegible]
[illegible]
[illegible]
[illegible]
[illegible]
book [illegible]
[illegible]
[illegible]
[illegible] group [illegible]
[illegible]
[illegible] properly in law [illegible]
[illegible]